广东封开黑石顶
省级自然保护区管理处 ◎编著

藏在树叶下的王国

CANGZAI SHUYE XIA DE WANGGUO

中国地质大学出版社
ZHONGGUO DIZHI DAXUE CHUBANSHE

图书在版编目(CIP)数据

藏在树叶下的王国/广东封开黑石顶省级自然保护区管理处编著.—武汉：中国地质大学出版社，2024.9.—
ISBN 978-7-5625-5951-1

Ⅰ.S759.992.654

中国国家版本馆CIP数据核字第20249FG462号

| | |
|---|---|
| **藏在树叶下的王国** | 广东封开黑石顶省级自然保护区管理处　编著 |
| 责任编辑：舒立霞 | 责任校对：徐蕾蕾 |

| | | |
|---|---|---|
| 出版发行：中国地质大学出版社（武汉市洪山区鲁磨路388号） | | 邮编：430074 |
| 电话：（027）67883511 | 传真：（027）67883580 | E-mail：cbb@cug.edu.cn |
| 经销：全国新华书店 | | http：//cugp.cug.edu.cn |
| 开本：787mm×1092mm　1/12 | | 字数：75千字　印张：6.5 |
| 版次：2024年9月第1版 | | 印次：2024年9月第1次印刷 |
| 印刷：湖北睿智印务有限公司 | | |
| ISBN 978-7-5625-5951-1 | | 定价：38.00元 |

如有印装质量问题请与印刷厂联系调换

## 《藏在树叶下的王国》
### 编委会

雷纯义　区升华　莫刚毅　欧　瑜

陈火权　莫小芳　谢铨洲　龙双连

陈笑飞　李红梅　卢传亮　徐雅琦

孟　耀　李　平　等

# 目录

## 第一章　北回归线上的绿洲 —————————— 001
广东封开黑石顶省级自然保护区 —————— 001
太阳转身的地方 ———————————————— 003
神奇的回归绿带 ———————————————— 006

## 第二章　植物真好玩儿 ———————————— 009
不"越界"的植物 ———————————————— 009
白花鬼针草的"暗器" —————————————— 011
海芋叶片上的艺术家 —————————————— 013
被"囚禁"的昆虫 ———————————————— 015
神奇的凉粉果 ————————————————— 017
有慧根的五眼果 ———————————————— 020

## 第三章　小虫子，大世界 ———————————— 023
千姿百态的昆虫翅膀 —————————————— 023
蝴蝶和蛾子有什么区别？ ———————————— 026
飞蛾为何扑火？ ———————————————— 027
破茧真的能成蝶吗？ —————————————— 027
蜻蜓和豆娘 —————————————————— 028
身披铠甲的"硬汉" ——————————————— 031
会装死的甲虫 ————————————————— 031
走开，放屁虫！ ———————————————— 032

乐队的夏天——鸣虫篇 035
蜘蛛是昆虫吗？ 037

## 第四章 听取蛙声一片 039

蛙类为什么会鸣叫？ 041
为什么一下雨蛙类就叫个不停？ 042
小蝌蚪一定会变青蛙吗？ 042
黑石顶保护区常见蛙类 044

## 第五章 啊啊啊，有蛇！ 047

蛇类生活习性 047
为什么要"打草惊蛇"？ 049
蛇类攻击条件 050
毒蛇的分类 050
蛇有脚吗？ 052
黑石顶保护区常见蛇类 052
毒蛇咬伤的判断 056

## 第六章 邂逅飞羽精灵 057

鸟类基本知识 057
走，去观鸟！ 062
黑石顶常见鸟类 067

# 第一章
## 北回归线上的绿洲

### 广东封开黑石顶省级自然保护区

广东封开黑石顶省级自然保护区（以下简称"黑石顶自然保护区"）位于粤西中南部，地处南岭山脉西段南麓，坐落于广东省肇庆市封开县河儿口镇境内，地理坐标为东经111°49′10″—111°54′44″，北纬23°24′44″—23°29′58″。保护区地处北回归线上，发育有完整的低山地貌，保存着完整的南亚热带季风常绿阔叶森林生态系统，是近代东亚亚热带动植物的发源地之一，是南岭山地西段南麓原生性亚热带常绿阔叶林的集中保存地，是我国东南部亚热带常绿阔叶林的典型代表，也是世界同纬度地区的宝贵自然遗产。

第一章 北回归线上的绿洲

■ 黑石顶自然保护区林相

科普小知识：

**什么是自然保护区？**

自然保护区，是指对有代表性的自然生态系统、珍稀濒危野生动植物物种的天然集中分布区、有特殊意义的自然遗迹等保护对象所在的陆地、陆地水体或者海域，依法划出一定面积予以特殊保护和管理的区域。

按保护级别的不同，自然保护区分为国家级自然保护区和地方级自然保护区，而地方级自然保护区又可划分为省（区、市）级自然保护区、市（自治州）级自然保护区和县（自治县、旗、县级市）自然保护区。

## 太阳转身的地方

研究地球的科学家以赤道为界将地球分成南北两半球，地球仿佛出于一个精心的设计与安排，其赤道面与绕日公转轨道面（黄道平面）形成了一个奇妙的黄赤交角（约为23°26′）。于是，太阳的垂直照射点便在地球南北纬 23°26′界线（南北回归线）之间来回移动，使得地球大部分地区产生了寒来暑往、绚丽缤纷的四季。

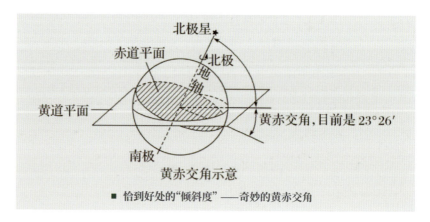

■ 恰到好处的"倾斜度"——奇妙的黄赤交角

北回归线，又名夏至线，是太阳在北半球能够垂直照射的最北界，大约在北纬 23°26′ 的地方。每年夏至的正午时分，当太阳垂直照在北回归线上，"立竿无影"的奇观便赫然出现。当阳光直射到这个纬度，便开始转身向南，到了冬至，阳光再垂直照射在南回归线上，然后再转身向北，如此往返，年复一年，所以南北回归线也被称为"太阳转身的地方"。

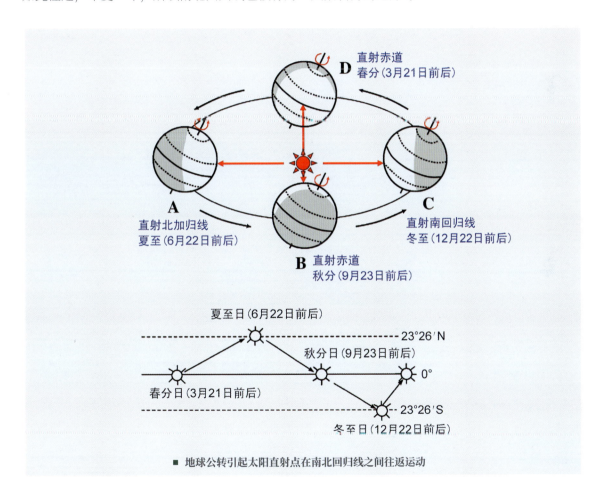

■ 地球公转引起太阳直射点在南北回归线之间往返运动

**科普小知识：**

**地球的自转轴为什么会倾斜？**

理论上，行星是从原行星盘中吸积聚成的，那么地球的角动量方向就应该和其形成前原行星盘的角动量方向一致，赤道面和黄道面理应在同一平面上。那黄赤交角是如何形成的呢？

对此经典的解释是在约45亿年前，地球遭遇过一颗火星大小的原行星（被称为忒伊亚）撞击，撞击形成的碎屑形成了月球，地球的自转轴则被撞歪了。在月球的潮汐力作用下，地球的自转轴倾角基本稳定，目前是23°26′。

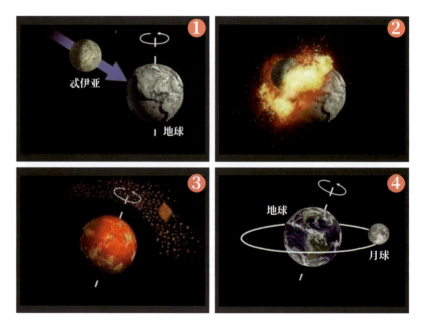

■ 忒伊亚撞击地球

## 神奇的回归绿带

北回归线环绕地球全长约 36 000km,它所穿过的地区大部分是辽阔浩瀚的海洋和无穷无尽的沙漠荒原,因为常年受副热带高气压和信风控制,这些区域大多沙石遍地、环境恶劣,不适合人类生存,因此,北回归线被世界地理学家称为"回归沙漠带"。

■ 北回归线穿越全球的情况

然而，奇妙的是，从东经99°40'的云南耿马傣族佤族自治县至东经121°50'的台湾花莲县，当北回归线横贯中国云南、广西、广东、福建海域、台湾时，世界却仿佛变了一番模样。这里鸟语花香、丛林密布、河谷纵横、生物繁茂，因此，世界地理学家把北回归线中国段称为"神奇的回归绿带"。

■ 北回归线穿越中国的情况

黑石顶自然保护区发育着原生性较强的山地森林生态系统，为野生动植物提供了良好的栖息环境，成为南岭山脉西段南麓的生物物种基因库。区内植被类型多样，包括地带性南亚热带季风常绿阔叶林、针阔混交林、针叶林和山顶灌丛矮林等，森林覆盖率高达99.8%，被誉为"北回归线上的绿洲"。

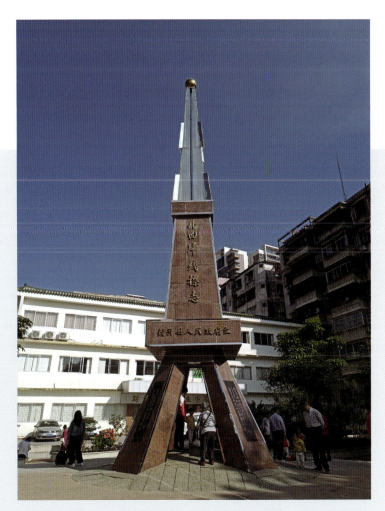

■ 封开县江滨公园北回归线标志塔

# 第二章 植物真好玩儿

## 不"越界"的植物

植物在生长过程中始终和周围环境进行着物质和能量的交换，因此环境影响植物的分布，见到某种植物出现，就可以据此推断它所在地方的环境性质，这种作用叫作植物（对环境）的指示作用。

影响植物分布最重要的条件是气候，因为气候条件决定了植物所得的热量、光照和水分。其中，热量是决定植物分布的重要因素，由于热量分布不均，从赤道到两极存在植物分布的纬度地带性，从山麓到山顶存在植物分布的垂直地带性。

审图号：GS(2016)1587号

■ 中国温度带的划分

黑石顶保护区是中国热带和亚热带植物区系过渡的代表性地区之一，被列为"教育部热带亚热带森林生态系统实验中心"，具有重要的研究价值。有较多专性热带植物成分到达本保护区后不再向北扩展，比如棕榈科的封开蒲葵、华南省藤等。因此，本保护区成为专性热带区系成分的北界，同时也是专性亚热带植物的南界，比如钟萼木、檵(jì)木等。

■ 教育部热带亚热带森林生态系统实验中心

■ 封开蒲葵

■ 华南省藤

■ 钟萼木

■ 檵木

## 白花鬼针草的"暗器"

白花鬼针草,菊科鬼针草属。一年生草本,茎直立,钝四棱形。

茎下部叶较小,三裂或不分裂,通常在开花前枯萎;中部叶具长1.5~5cm无翅的柄,三出,小叶三枚,边缘有锯齿,两侧小叶椭圆形,不对称,顶生小叶较大,长椭圆形;上部叶小,三裂或不分裂,条状披针形。

头状花序,盘花筒状,黄色,冠檐五齿裂。总苞基部被短柔毛,苞片7~8枚,条状匙形,白色,先端有缺刻。

瘦果黑色,条形,略扁,具棱,上部具稀疏瘤状突起及刚毛,顶端芒刺3~4枚,具倒刺毛。

■ 白花鬼针草

■ 白花鬼针草"暗器"

## 趣味小知识

**A** 白色的"花瓣"不是花瓣,是"苞片";黄色的"花蕊"不是花蕊,是"花"。

**B** 针状瘦果具有倒刺,一旦碰上人类的衣物或动物,就能牢牢粘住,跟着人和动物,开始一场说走就走的"旅行",以达到传播种子的目的。

科普小知识:

### 种子的"旅行"

猜一猜,下列植物是如何传播种子的?

(a)蒲公英(风力传播)　　(b)苍耳(动物传播)　　(c)猪屎豆(炸裂弹射)

第二章 植物真好玩儿

科普小知识：

## 谁才是真正的花？

圈一圈，
下列植物的哪个部位是它的花？

■ 白花鬼针草　　　■ 金花玉叶

■ 鱼腥草　　　■ 簕(lè)杜鹃

# 海芋叶片上的艺术家

　　海芋，天南星科海芋属，多年生大型常绿草本植物，因花有形似观音的"佛焰苞"结构，并且在潮湿环境下叶片常有汁液滴下，而得名"滴水观音"。与我们常吃的魔芋属于同一科，但它不能食用，其根、茎、叶的汁液中都富含毒性，直接接触皮肤会引起皮肤瘙痒，误入眼内可引起失明，误食则会导致舌头麻木、肿大甚至中枢神经中毒。

藏在树叶下的王国

■ 海芋植株

■ 海芋主动排出体内多余的水分

在野外，我们经常能看到海芋的叶片上出现数个十分规则的圆洞，这些圆洞是如何产生的呢？

原来，为了吃到海芋而不被毒死，锚阿波萤叶甲会在叶片背面"画出"浅浅的圆圈，之后用脚上爪钩将叶片角质的表皮割开，最后将圆圈周围割断，海芋的毒素就很难被传递到割断的叶脉上，叶片内的毒素也可以向外排出，这样锚阿波萤叶甲就可以放心地食用海芋的叶片了。

■ 海芋叶片上的圆洞

■ 锚阿波萤叶甲"圈"食海芋叶片

### 科普小知识：
### 奇奇怪怪的知识点

锚阿波萤叶甲在取食海芋叶片时，为什么要画圆圈，而不是正方形、长方形或者其他形状？

答案：科学家猜测，它可能是为了"多吃一点"。因为数学上有个知识点：在任意平面中，相等周长情况下，圆的面积最大。如此说来，锚阿波萤叶甲可谓是"昆虫界的数学家"。

海芋虽然有毒，但它成熟后的种子却是鸟儿争相抢食的美味，经常看到不同的鸟儿来啄食它成熟的种子。

■ 红嘴蓝鹊取食海芋浆果　　　　■ 红耳鹎取食海芋浆果

## 被"囚禁"的昆虫

天南星科植物最大的特点就是由佛焰苞包裹着肉穗花序，海芋的佛焰苞长于花序，分下部绿色管部和上部舟状檐部，在肉穗花序最底部是许多雌花，然后是明显变窄的许多不育雄花，又变粗的许多淡黄色能育雄花（雄蕊合生成一体），顶部则是嵌以不规则槽纹的附属器。

海芋雄花和雌花成熟的时间不一致。雌花先成熟，佛焰苞的"机关"打开，不育雄花通过"燃烧"自己，提高花的温度并释放"臭味"，吸引沾染花粉的昆虫前来吸食花蜜、产卵并授粉，这时昆虫会被关在苞片内。等到雄花成熟时，机关打开，让昆虫逃出，昆虫会再次沾染花粉，飞到其他花上，再体验一次被"囚禁"的日子。

■ 海芋花的结构

花后果实成熟，附属器和雄花序凋落，佛焰苞管部逐渐不整齐地撕裂，露出已发育成果实的雌花序，先是青绿的，再变红，每一颗红彤彤的浆果，都有一个黑点状的宿存柱头，像一颗颗珊瑚珠。

■ 昆虫为海芋传粉

■ 海芋果实的形成

## 神奇的凉粉果

凉粉果，又名木莲，学名薜（bì）荔，因果可作凉粉而得名。薜荔是桑科榕属常绿攀援植物，与银杏、无花果、榴莲一样，属于雌雄异株植物。

薜荔的叶两型，不结果枝上生不定根，叶卵状心形，基部稍不对称，叶柄短；结果枝上无不定根，叶革质，基部圆形，背面被黄褐色柔毛，基生叶脉延长，网脉甚明显。

■ 结果枝(左)与不结果枝(右)

薜荔的花聚生在内陷的花序托内，为隐头花序，花虽然很小，但分为雌花、雄花、瘿（yǐng）花3种，雌株上只有雌花，雄株上有雄花和瘿花。其中瘿花是由雌花特化而来的中性花，它既不传授花粉，也不能结出果实，只供榕小蜂在里面产卵，孵化出小蜂，故瘿花相当于榕小蜂的"育婴房"。

■ 雄果纵剖面

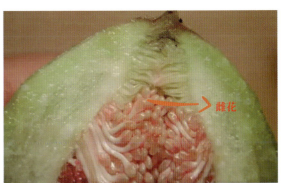

■ 雌果纵剖面

## 如何区分薜荔的雌雄果？

**❶ 看形状**

雄果底部平整甚至凹进去，雌果相对较小，底部突出，是尖的。

■ 雄果

■ 雌果

**❷ 看切面**

成熟雄果切开后有两种表现形式：一种是没有果肉，中间是空心的，果内壁为紫粉色；另一种是有果肉，中间不是空心的，果内壁是紫粉色的。雄果都不能食用。而成熟雌果的果肉是黄色的，里面有芝麻粒大小的种子，可直接食用。

■ 成熟雄果

■ 成熟雌果

### 榕小蜂传粉

薜荔花序托顶口有许多密生的苞片组成的旋转式通道，这个通道很小，别的昆虫进不去，只有榕小蜂能够识别并进入，薜荔就靠它来传粉。

■ 榕小蜂

## 有慧根的五眼果

南酸枣，俗名五眼果，漆树科南酸枣属，落叶乔木，树皮灰褐色，片状剥落，小枝粗壮。

叶：奇数羽状复叶互生，常集生于小枝顶端，小叶膜质至纸质，卵状披针形，3～6对，对生，具柄。

花：单性或杂性异株，雄花和假两性花排列成腋生或近顶生的聚伞圆锥花序，雌花通常单生于上部叶腋。

果：核果倒卵状椭圆形，成熟时黄色，长 2.5～3cm，径约 2cm，中果皮肉质浆状，内果皮（果核）骨质，顶端常具 5 个小孔。

## 第二章 植物真好玩儿

■ 南酸枣的植株、果实和果核

藏在树叶下的王国

**科普小知识：**

**为什么果核上会有眼睛呢？**

因为南酸枣的果核非常坚硬，为了让种子可以冲破阻碍生根发芽，便在果核的一端演化出像"眼睛"模样的萌发孔。神奇的是，每个小孔都可长出一个芽，一粒果核种子便可长出5棵苗，因此南酸枣也有着"一花开五叶"的禅意。

2020年，科研人员在福建漳浦中新世（距今约1500万年）地层中，首次发现了具7个萌发孔的木乃伊化的南酸枣果核化石。

■ 南酸枣化石

# 第三章
# 小虫子，大世界

说起昆虫，大多数人的第一反应不是害怕就是避而远之。可是，如果你停下脚步，仔细观察，或许你会发现一个全然不同的世界。它们是地球上数量最多的动物群体，目前已知有 100 余万种，在所有生物种类（包括细菌、真菌、病毒）中占比超过 50%，踪迹几乎遍布世界的每一个角落。

## 千姿百态的昆虫翅膀

为了适应不同的生活环境，自然界中的昆虫形成了千姿百态的翅膀，除了基本的飞行功能外，还有保护、发声、伪装、警戒、吸引异性等多种功能。

### 昆虫翅膀类型及特征表

| 翅膀类型 | 结构特点 | 代表昆虫 |
| --- | --- | --- |
| 膜翅 | 薄而透明，膜质，翅脉清晰可见 | 蜻蜓 |
| 革翅 | 革质，稍厚而有弹性，半透明，翅脉仍可见 | 大斧螳 |

续表

| 翅膀类型 | 结构特点 | 代表昆虫 |
|---|---|---|
| 鞘翅 | 角质,厚而坚硬,不透明,翅脉不可见 | 独角仙 |
| 半鞘翅 | 基半部厚而硬,鞘质或革质,端半部膜质 | 蝽 |
| 平衡棒 | 后翅特化成棒状、勺状、翅基或残翅 | 蚊子 |
| 鳞翅 | 膜质,翅表面密被由毛特化而成的鳞片 | 豆灰蝶 |
| 缨翅 | 膜质,狭长,边缘着生成列缨状毛 | 蓟马 |
| 毛翅 | 膜质,翅膀表面密被刚毛 | 石蚕蛾 |

## 第三章 小虫子，大世界

你一定见过蝴蝶和蛾子吧！它们是昆虫纲的第二大目——鳞翅目的成员，在翅膀与身体上都覆盖着鳞片和毛，它们的幼虫大多啃食植物，绝大部分成虫口器变为虹吸式，吸食花蜜、露水等。在已知的鳞翅目中，蛾子的种类超过90%，而蝴蝶不足10%。

> 科普小知识：

## 猜一猜：
## 哪只是蝴蝶？

科普小知识答案：1. 幻紫斑蝶；2. 东方菜粉蝶；3. 洋麻钩蛾；4. 豹尺蛾。

藏在树叶下的王国

# 蝴蝶和蛾子有什么区别？

## 看触角

■ 棒状(蝴蝶)

■ 鼓槌状(蝴蝶)

■ 栉齿状(上左)、丝状(上右)、羽毛状(下)(蛾子)

## 观停歇

■ 竖起翅膀(蝴蝶)

■ 平展翅膀(蛾子)

## 察时间

■ 白天活动(蝴蝶)

■ 晚间活动(蛾子)

## 飞蛾为何扑火？

为了适应夜间活动觅食，飞蛾进化出依靠月光和星光这种微弱的光源"导航"的本领。由于月亮和星星距离我们比较遥远，它们的光到达地球后几乎等同于平行光，飞蛾如果想去某个地方，只要根据光线，沿着一个固定的夹角飞行，便可以直线飞行。而当它们看到火光（放射性发散光）时，仍按照以前的逻辑——保持同样的夹角飞行，结局便是一步步地扑向火堆。

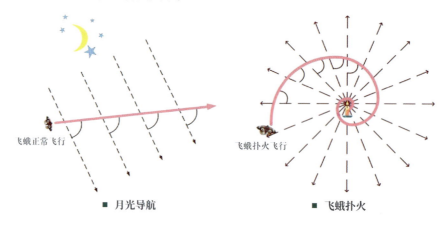

■ 月光导航　　　　　　　　　■ 飞蛾扑火

## 破茧真的能成蝶吗？

"破茧成蝶"是很常用的汉语成语，解释为毛毛虫通过痛苦的挣扎和不懈的努力化为蝴蝶的过程，用来比喻重获新生，走出困境。其实，破茧成蝶这句成语描述的是大多数的蛾类，因为蝶类的毛毛虫化蛹时几乎不造茧，会造茧的大多是蛾类。

第三章 小虫子，大世界

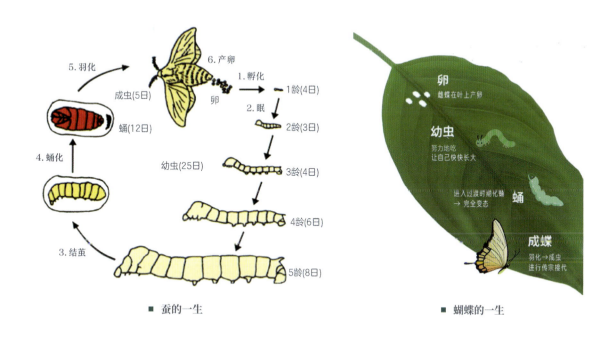

■ 蚕的一生　　　　　　　■ 蝴蝶的一生

## 蜻蜓和豆娘

蜻蜓目包含蜻蜓和螅（俗称豆娘），它们有着细长的身体，多数蜻蜓头部硕大而且非常灵活，两个复眼巨大且发达，它们的翅膀呈膜质且翅脉发达，蜻蜓的飞行能力强，而豆娘较弱。

你知道蜻蜓为什么点水吗？"蜻蜓点水"其实是在产卵。蜻蜓的卵是在水里孵化的，幼虫也在水里生活，雌蜻蜓在产卵时会用尾部碰水面，把卵排出。

## 第三章　小虫子，大世界

### 蜻蜓和豆娘的区分

| | | |
|---|---|---|
| 停栖<br>（翅膀状态） | <br>蜻蜓 | <br>豆娘 |
| 眼睛距离 | <br>蜻蜓 | <br>豆娘 |
| 翅膀形状 | <br>蜻蜓 | <br>豆娘 |

藏在树叶下的王国

# 第三章 小虫子，大世界

藏在树叶下的王国

## 第三章 小虫子,大世界

## 身披铠甲的"硬汉"

想必大家都知道甲虫吧!其实甲虫就是鞘翅目的俗称,作为昆虫纲的第一大目,被称为进化最成功的昆虫,它们大多有着"装甲"般的鞘翅为身体做保护,甚至部分甲虫将牙齿或是上颚进化成强而有力的"武器",这些都使得它们更容易在自然界生存。

巨锯锹(qiāo)甲,又名扁锹甲,体长50~80mm,通体亮黑色,上颚长,末端尖而略内弯,内缘近基部和近末端各有1个大齿,2个大齿之间有许多小齿,背板及鞘翅上密布细小刻点,是我国常见锹甲之一。

■ 巨锯锹甲

## 会装死的甲虫

象鼻虫,鞘翅目象鼻虫科,通称象甲,俗称象鼻虫,是动物界中种类最多的一类昆虫,全世界已经记录种类近7万种,我国记录1000多种。

象鼻虫是所有昆虫中最会装死的一类昆虫,当碰到惊吓和危险时,就会很快掉落装死,遇到危险时,马上把喙和触角藏到前胸腹板下面的沟内,足收缩成一团,好像一粒鸟屎落到地上,待危险过后,又重新活动、逃命。

第三章　小虫子，大世界

■ 装死的短胸长足象

科普小知识：

## 如何辨别昆虫是真死还是装死？

观察它们的脚，如果脚都是松开的，那就是真死；反之，如果它们把脚紧紧缩在身体下面，那就是装死。

## 走开，放屁虫！

提到"臭名远扬"的昆虫，不知道放屁虫是不是你第一个想到的。

放屁虫,学名椿象,也叫蝽(chūn),半翅目椿象科,半翅目中种类最多的。全世界椿象科种类约5000种,绝大多数为植食性害虫,吸食植物的幼芽、嫩梢、花果等汁液,引起落花、落果及叶片枯萎。

■ 放屁虫危害植物

■ 放屁虫喷射臭液

当遇到危险时,椿象的臭腺会分泌腐蚀性臭液——臭虫酸,弥漫到空气中,使四周臭不可闻,并借此自卫逃生,但如果你不攻击它,即使它爬到你手上都不会有一丝臭味。

角盾蝽，半翅目盾蝽科，全身黄色，小盾片上有黑色斑纹，前胸背板侧角成小而尖锐的角状刺突出。喜寄生于大戟科植物中，会用像针一样的刺吸式口器吸食嫩叶的汁液，使植物渐渐营养不良直至枯萎死亡。

■ 角盾蝽

荔蝽，半翅目荔蝽科，成虫体红棕色，形似一个小盾牌，小盾片末端表面凹下，若虫盾板边缘灰色，里面多道鲜红色短横纹，两条长竖纹，留出中间一道白条。它们是荔枝、龙眼的主要害虫之一，专挑嫩叶、花、幼果的汁液，造成落花落果，果品减产失收。

■ 荔蝽成虫

■ 荔蝽若虫

## 乐队的夏天
## ——鸣虫篇

夏天到了,我们经常能在草丛里看到一些跳来跳去的蚂蚱,到了夜晚又会听到蛐蛐演奏的美妙乐曲。直翅目包含蟋蟀、螽斯、蝗虫、蚱蜢、蝼蛄等,它们大多有着"大长腿",前翅革质,覆盖着软而薄的后翅,其中,螽亚目的昆虫因公虫具有发音器而被称为鸣虫,受世代鸣虫爱好者喜爱。

**鸣虫观察笔记**

| 鸣虫类型 | 用拟声词描述发出的声音 |
|---|---|
| 蝉 | |
| 蟋蟀 | |
| 螽斯 | |
| 蝗虫 | |

### 个人任务:

找到一种鸣虫,带着以下问题,仔细观察和记录,完成自然笔记。

❶ 它长什么样子?(作画或文字描述)

❷ 它靠什么部位发声?

❸ 思考:鸣虫为什么要歌唱,不怕招来天敌吗?

## 搭建昆虫"旅馆"

昆虫旅馆,顾名思义,昆虫住的"旅馆",是依照昆虫习性,采用自然材料制作的,供虫类繁殖、栖息及越冬的场所,是保护昆虫家园的重要措施。那如何搭建昆虫旅馆呢?

第一步:知识学习。
　　了解昆虫的生活环境,探讨其存活的基本条件。

第二步:规划布局。
　　一个好的昆虫旅馆可以适应不同种昆虫的习性,提前规划好旅馆"房间"布局非常重要。

第三步:完成搭建。
　　在自然界中寻找材料,协作完成昆虫旅馆的搭建。

■ 昆虫"旅馆"参考图

## 蜘蛛是昆虫吗？

蜘蛛，人们一般把它视为昆虫，其实它不是昆虫。在分类上昆虫和蜘蛛只是同属节肢动物门，昆虫属于昆虫纲，而蜘蛛则属于蛛形纲。

同属于节肢动物门的还有它们的近亲三叶虫纲的三叶虫（2.5 亿年前已全部灭绝）、甲壳纲的对虾和多足纲的蜈蚣等。节肢动物门是动物界最大的一个门，在已知的 150 万种动物中，节肢动物占 85%。

### 黑石顶常见蜘蛛

- 弗氏纽蛛
- 拟水狼蛛
- 离塞蛛
- 白额高脚蛛

## 蜘蛛与昆虫的区别

■ 暹刺蛛（蜘蛛）

■ 异色灰蜻（昆虫）

| 蜘蛛和昆虫的结构区别 | | |
|---|---|---|
| 身体部位 | 蜘蛛 | 昆虫 |
| 身体构造 | 头、腹 | 头、胸、腹 |
| 翅膀 | 无 | 2对 |
| 腿 | 8条 | 6条 |
| 眼睛 | 大多8只单眼 | 单眼+2只复眼 |
| 触角 | 无 | 1对 |
| 腹部分节 | 不分节 | 4～11节 |
| 生长发育 | 卵—幼虫—若虫—成虫 | 卵—幼虫—蛹—成虫（变态发育） |

# 第四章 听取蛙声一片

"稻花香里说丰年,听取蛙声一片。"作为初级/次级捕食者,蛙类是食物链的重要组成部分,对生态系统的健康具有较大的指示意义。

■《听取蛙声一片》水墨画作品

蛙类，两栖纲无尾目的统称，一般指青蛙、蟾蜍等没有尾巴的两栖动物，是脊椎动物从水生到陆生的过渡类群。虽然它们多数已经可以离开水生活，但繁殖仍离不开水，卵需要在水中经过变态发育才能成长。它们的幼体（又称蝌蚪）在水中发育，靠鳃呼吸；成体水陆两栖，靠肺兼皮肤呼吸，这就造成了蝌蚪和成蛙的差别很大。

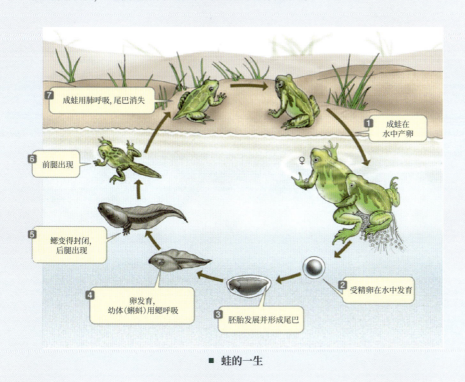

■ 蛙的一生

## 蛙和蟾蜍，傻傻分不清？

一般来说，蟾蜍多在陆地生活，因此皮肤多粗糙；蛙体形较苗条，多善于游泳。

■ 蟾蜍

■ 蛙

## 蛙类为什么会鸣叫？

蛙类的繁殖季一般集中于春末夏初，在这个时期内，雄蛙会为了求偶而进行规律的鸣叫。

与人类张嘴说话不同，蛙类鸣叫时嘴巴是闭合的，它们的发音器官为两片声带，分居于喉门软骨上方左右。许多种类的雄蛙咽部，还具有明显的声囊，膨胀后就像一个共鸣腔，声带所发的声音在此产生共鸣，起到了放大器的效果，不仅使蛙鸣更加洪亮，而且传播角度更广。

■ 花姬蛙

■ 黑框蟾蜍

**科普小知识:**
雌蛙会不会唱歌?

一般有声囊的是雄蛙,雌蛙没有,但是它们都有声带,所以也可以发出声音。

## 为什么一下雨蛙类就叫个不停?

蛙类主要通过鸣叫的方式求偶,雄性发出叫声,雌性听到后选择与心仪的雄性抱对(交配),而它们的繁殖离不开水,所以,一旦下雨,青蛙和蟾蜍就会抓住宝贵的机会集群鸣叫,将水塘和一些临时性水坑作为它们重要的繁殖场地。

■ 蛙类抱对

## 小蝌蚪一定会变青蛙吗?

或许受小时候看的《小蝌蚪找妈妈》动画片的影响,许多人以为青蛙的蝌蚪都是黑黑的,其实,黑色的蝌蚪是蟾蜍的幼体,而真正的青蛙的幼体通常是棕黄色的。

## 如何辨别蛙的蝌蚪和蟾蜍蝌蚪?

**❶ 看卵的特征**

蛙类的卵由卵胶膜包围形成单独的小球形,卵粒较小,卵径约 1mm,聚合成一团团的卵块。

蟾蜍类的卵由卵胶膜围成一条连续的线状长带,卵呈黑色,双行排列于卵袋内,个别也有排成 3 行或 3 行以上的。

■ 蛙类的卵　　　　　　　　　　　■ 蟾蜍类的卵

**❷ 看蝌蚪的特征**

蛙的蝌蚪体色较浅,呈棕黄色等,有黑褐色斑点,身体略呈圆形,尾巴较长,口位于头部前端,游动较为分散。

蟾蜍蝌蚪的身体呈黑色,尾巴较短,体形偏椭圆形,口位于前腹部,在水中一般是密集成群的,喜欢向同一个方向游动。

■ 蛙的蝌蚪

■ 蟾蜍蝌蚪

## 黑石顶保护区常见蛙类

**华南湍蛙**

蛙体扁平，后肢细长，趾蹼发达，绝大多数为全蹼，指、趾末端膨大成吸盘状，背面有一横凹痕，腹面呈肉垫状，借以贴附在溪流石上，不容易被急流冲走。

■ 华南湍蛙

## 华南雨蛙

雨蛙科雨蛙属，头宽略大于头长，指端有吸盘和马蹄形边缘沟，背面皮肤光滑，蓝绿或绿色，内附褶棱状，腹面满布颗粒疣。

■ 华南雨蛙

## 大绿臭蛙

蛙科臭蛙属，体背面多为纯绿色，其深浅有变异，有的有褐色斑点，体侧及四肢浅棕色，四肢背面有深棕色横纹，腹面白色或浅黄色。

■ 大绿臭蛙

## 花姬蛙

姬蛙科姬蛙属，姬蛙属蛙类仅分布于亚洲，共有 49 种，中国产 9 种。体形略呈三角形，头小，宽大于长，最明显的特征是从头部到肩部有很多"∧"形斑纹。

■ 花姬蛙

## 蛙类观察笔记

| 虎纹蛙 | 黑石顶角蟾 | 封开角蟾 |
|---|---|---|
| 外形特征 | 外形特征 | 外形特征 |
| 生境习性 | 生境习性 | 生境习性 |

| 费式刘树蛙 | 侧条树蛙 | 封开臭蛙 |
|---|---|---|
| 外形特征 | 外形特征 | 外形特征 |
| 生境习性 | 生境习性 | 生境习性 |

# 第五章

# 啊啊啊，有蛇！

对于普通人来说，提起蛇，似乎总会感到害怕，但大多数人不知道蛇类在自然生态系统的物质循环、能量流动和信息传递中担当着重要的角色。

蛇类属于爬行纲蛇目，是四肢退化的爬行动物的总称。身体细长，四肢退化，无可活动的眼睑，无耳孔，无前肢带，覆盖有鳞，大部分是陆栖，也有半树栖、半水栖和水栖。全球已知有3000多种，中国蛇亚目已知共205种。

## 蛇类生活习性

### ❶ 活动场所

蛇类喜居荫蔽、潮湿、人迹罕至、杂草丛生、树木繁茂、乱石成堆的环境中，以及柴垛草堆和土墙中，也有的蛇栖居水中。

❷ 冬眠习性

蛇类是变温动物，体温低于人类，又被称为冷血动物，当环境温度低于 15 ℃时，蛇会进入休眠/冬眠状态。

■ 蛇类冬眠

❸ 蜕皮

蛇类有换皮的习性，被称为"蜕皮"，每隔一段时间便会重复进行。

❹ 繁殖

产卵期一般在 4 月下旬到 6 月上中旬，因品种而异。

■ 蛇蛋孵化

## 为什么要"打草惊蛇"?

蛇没有耳朵,它能听到声音吗?我们都见过,蛇的头光秃秃的,看不到耳朵这种器官,它们似乎不可能听到空气中的声音。然而,蛇是有内耳的,虽然不能接收到空气传导的声波,但是对于地面传来的震动却极其敏感。所以在野外行走时,人们会用棍棒敲打地面来把蛇吓跑,从而有"打草惊蛇"这一成语。

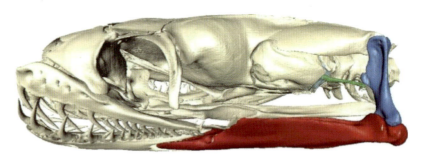

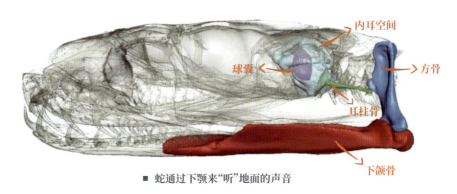

■ 蛇通过下颌来"听"地面的声音

## 蛇类攻击条件

蛇是近视眼，除眼镜蛇外，一般不会主动攻击人，只有当它发现人类过分逼近蛇体，或无意踩到蛇体时，它才咬人。

■ 无眼睑的蛇眼

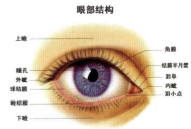
■ 人眼部结构

此外，蛇只会直着看东西，耳朵里没有鼓膜，对空气里传来的声音没有什么反应，识别天敌和寻找食物主要靠舌头。

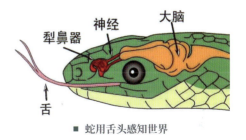
■ 蛇用舌头感知世界

## 毒蛇的分类

按照毒牙的分类，毒蛇可以分为后沟牙类毒蛇、前沟牙类毒蛇、管牙类毒蛇。

## 第五章 啊啊啊,有蛇!

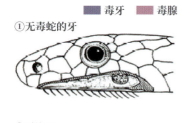

■ 毒牙　■ 毒腺

① 无毒蛇的牙

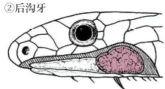

② 后沟牙

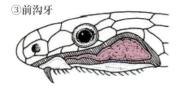

③ 前沟牙

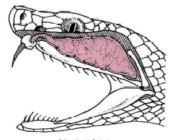

④ 管牙

■ 蛇牙示意图

管牙类毒蛇和前沟牙类毒蛇的毒牙均位于上颌前方两侧,不过管牙类毒蛇的毒牙平时隐藏于肉质鞘中,需要时再伸出,而前沟牙类毒蛇的毒牙相对较小,不需要隐藏,这两者主要集中于蝰科和眼镜蛇科的蛇类,有剧毒。

后沟牙类毒蛇,即毒牙位于上颌后段,毒液很微弱,对人几乎够不上威胁,相较于前两者简直不能算是毒蛇。

■ 尖吻蝮的管牙

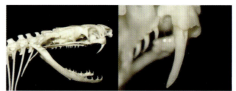

■ 舟山眼镜蛇的前沟牙

■ 赤峰锦蛇的无毒牙

## 蛇有脚吗？

"画蛇添足"的故事让我们深信蛇是没有脚的，但其实并非所有的蛇都没有脚，雄性蟒蛇就有脚，不过看起来就像小触角一样，那是退化后的残肢。但是蟒蛇并不会借助"脚"来爬行，而利用身体的鳞片和肌肉屈伸前进。

■ 画蛇添足

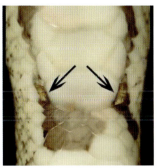

■ 蟒蛇退化后肢的残余（箭头指向处）

## 黑石顶保护区常见蛇类

### 绿瘦蛇

绿瘦蛇，游蛇科瘦蛇属，轻毒性后沟牙类毒蛇，在自然界中，绿瘦蛇有鲜绿色、翠绿色、蓝绿色和棕黄色等色系，部分个体有呈二纵线的纹路。

# 第五章 啊啊啊,有蛇!

■ 不同色系的绿瘦蛇

绿瘦蛇的头部呈窄长的锥形,身体如藤条一样极细而长,体长1～1.5m。善于在树枝之间攀爬,捕猎或逃跑时速度极快,多为白天活动,捕食蛙、蜥蜴及小鸟。

科普小知识:

## 卵胎生蛇类

大多数蛇类都是下蛋孵化,绿瘦蛇的卵在雌蛇体内发育,营养来源于自身卵黄,发育成新的个体后才产出母体。也就是说,绿瘦蛇生出的就直接是小蛇,略过了下蛋、孵化的过程,是为数不多的卵胎生蛇类,这种繁殖方式对胚胎起到了更好的保护作用。

## 翠青蛇

　　翠青蛇，游蛇科翠青蛇属，身体翠绿色，吻端窄圆，鼻孔卵圆形，瞳孔圆形，背平滑无棱，仅雄性体后中央 5 行鳞片偶有弱棱，下颌、咽喉部及腹部呈黄绿色，主要捕食蚯蚓及昆虫幼虫，夜伏昼出。

**翠青蛇与竹叶青**

　　由于外形颜色相近，翠青蛇常常被误认为是毒蛇竹叶青，但其实，两者有着许多的不同。

❶ **毒性：** 翠青蛇无毒，且性格温顺；竹叶青却是中国十大毒蛇之一，毒性十分强。

❷ **体型：** 翠青蛇体型圆润，身长 80～110cm；竹叶青体型轻盈苗条，一般为 60～90cm。

❸ **头部：** 翠青蛇头部呈圆形，眼睛大，瞳孔黑色；竹叶青头部呈三角形，眼睛小，瞳孔呈黄色或红色。

❹ **鳞片：** 翠青蛇全身鳞片呈深绿色，鳞片较大，有光泽；竹叶青鳞片偏向于青色，无光泽，身体两侧有白红侧线。

❺ **尾巴：** 翠青蛇的尾巴纤长且不变色；竹叶青的尾巴呈焦黄色或焦红色（看尾巴是最快分辨翠青蛇和竹叶青的方法）。

■ 翠青蛇

■ 竹叶青

## 草腹链蛇

**俗称**：黄头蛇。

**分布**：长江以南较多。

**概述**：游蛇科腹链蛇属，一种小型无毒蛇类。

**习性**：生活于水域附近，栖息在平原、丘陵、谷地的草丛和农耕区；性情温和、白天活动。

**食性**：幼蛇以小鱼和蚯蚓为食；成年蛇以蛙类为主食。

■ 草腹链蛇

## 原矛头蝮

**俗称**：龟壳花。

**分布**：中国长江中下游。

**概述**：蝰科原矛头蝮属，小型管牙剧毒蛇类（血液循环毒素）。

**习性**：傍晚夜间活动，雨天出现率较高，尤其21时到次日1时活动最频繁。

**食性**：广食性，捕食吃鱼、蛙、蜥蜴、鸟、鼠等，也曾在住宅旁捕吃小鸡等。

■ 原矛头蝮

## 银环蛇

**俗称**：过基峡。

**分布**：中国华中、华南、西南地区和台湾。

**概述**：眼镜蛇科环蛇属，中型前沟牙剧毒蛇类（神经毒素）。

**习性**：栖息于平原、丘陵或山麓近水处；傍晚或夜间活动，常发现于田边、路旁、坟地及菜园等处，性情较温和。

**食性**：以泥鳅、鳝鱼和蛙类为主食。

■ 银环蛇

# 毒蛇咬伤的判断

在被咬后，首先判断是否为毒蛇咬伤，咬痕是比较准确的判断方法。无毒蛇咬伤的伤口，会留下两行到四行排列整齐的牙痕，而毒蛇咬伤的伤口有两个深而大的牙痕，并且有一定间距。

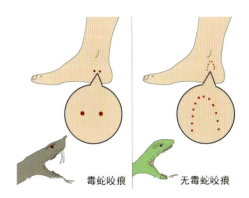

毒蛇咬痕　　无毒蛇咬痕

## 毒蛇咬伤自救

如果你身处深山，此时要遵循"减缓扩散、处理伤口、尽早排毒、及时治疗"的原则，为抵达医院注射血清争取时间。当你抵达医院后，自救的最后一步，是明确蛇的种类。

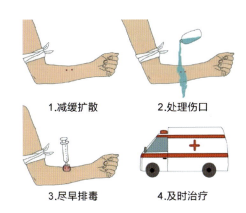

1.减缓扩散　　2.处理伤口
3.尽早排毒　　4.及时治疗

# 第六章 邂逅飞羽精灵

## 鸟类基本知识

### 什么是鸟?

鸟,飞禽的总称,指的是两足、恒温、体表被覆羽毛的卵生脊椎动物。按照世界鸟类学家联合会(International Ornithologists' Union, IOU)最新的《IOC 世界鸟类名录》(14.1 版)显示,世界上有现生鸟类 11 032 种,其中,我国野外记录鸟类 1491 种。

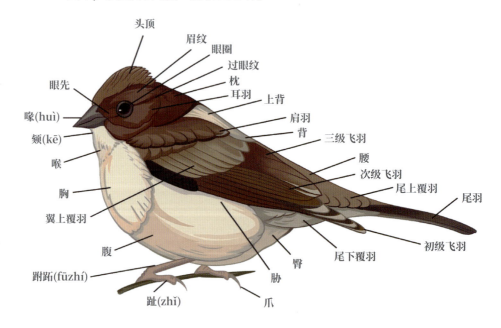

■ 鸟类的身体形态图

## 我国鸟类的六大生态类群

根据我国鸟类的生态习性和形态特点，可将其大致分为鸣禽、攀禽、猛禽、陆禽、涉禽和游禽六大生态类群。

除此之外，还有两种特殊生态类群的鸟类，它们不存在于中国境内，即"只会奔跑不会飞翔"的走禽类（如鸵鸟、鸸鹋等）和"只会游泳不会飞翔"的海洋性鸟类（如企鹅）。

科普小知识：

猜一猜：
下列鸟类属于哪一种生态类群？

- 凤头鹰（猛禽）
- 普通翠鸟（攀禽）
- 黄腰柳莺（鸣禽）
- 大白鹭（涉禽）
- 环颈雉（陆禽）
- 鸳鸯（游禽）

## 小鸟为什么会飞?

**❶ 身体构造**

鸟翼上有大型羽毛,使鸟能振翅高飞;

身体呈流线型,可减少飞行的阻力;

大部分骨骼愈合在一起,轻、薄且坚固;

龙骨突扁平而大,能附着大量肌肉,牵动两翼飞行。

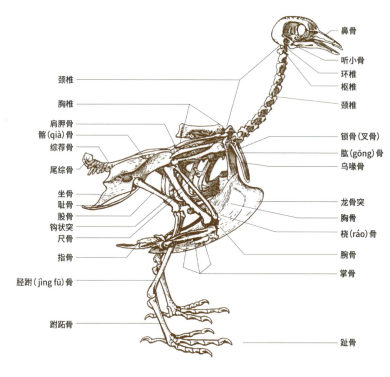

■ 鸟的骨骼结构

❷ **呼吸系统**

气囊辅助肺呼吸，保证飞行时供氧。

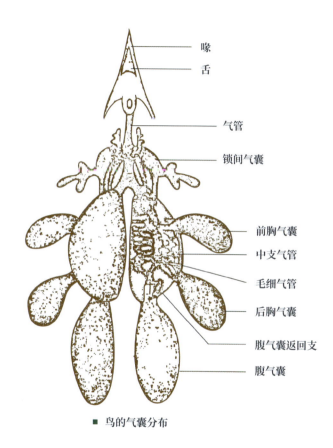

■ 鸟的气囊分布

❸ **消化系统**

没有膀胱，直肠也很短，排泄快，减轻了体重，利于飞翔。

## 从鸟喙看食性

鸟喙，也就是鸟的嘴巴，是鸟类上下颌包被的硬角质鞘。鸟类进化到现在已无牙齿，喙起着哺乳动物唇和齿的作用，同时，由于鸟的前肢演变为翼，鸟喙代替了其他动物前肢的功能，主要用来获取食物——捕食、叼住、撕咬以及从水中过滤，还可用于梳理羽毛、争斗、哺育和筑巢等。在进化过程中，由于进食的方式和所选择的食物不同，鸟喙的形状也千差万别。

> 科普小知识：

## 猜一猜：
## 通过鸟喙形状判断鸟儿的食性。

**鸟喙形状与鸟儿食性关系记录表**

| 鸟喙形状（绘画或文字描述） | 鸟儿食性 | 代表性鸟种 |
| --- | --- | --- |
|  |  |  |
|  |  |  |
|  |  |  |
|  |  |  |

# 走，去观鸟！

观鸟活动兴起于18世纪晚期的英国和北欧，早期是一项纯粹的贵族消遣活动。现在的观鸟活动，不但演变成世界上最流行的户外运动项目之一，更具有保护鸟类、保护生态环境的意义。

■ 青少年野外观鸟

## 第六章 邂逅飞羽精灵

**观鸟笔记**

将观察到的鸟类特征和习性,图文并茂地记录下来。

第六章　邂逅飞羽精灵

## 听声辨鸟

喜爱鸟类的朋友，常常有这样的困惑，当我们来到鸟类资源丰富的山区林间，尽管鸟鸣此起彼伏，但四处寻觅却不见鸟踪，大有"空山不见人，但闻人语响"之感，这时如果能通过鸟类的鸣叫声来判断鸟种，用耳朵去寻找隐匿在林间的小鸟，那将为观鸟活动增加不少乐趣。

■ 如何形容一只鸟的叫声

## 鸣唱与鸣叫

鸟类的叫声虽然多种多样，但大致分为两大类：鸣唱和鸣叫。鸣唱主要是雄鸟在繁殖季节用来保卫领地、吸引配偶的叫声，而在非繁殖季，就很少听到。而鸟类的鸣叫主要用于报警、联络、乞食、警告等，一般短而急促，不分季节，不分性别，也不需要后天学习，天生就会。

| 野外听声辨鸟记录卡 | | | |
|---|---|---|---|
| 鸟叫声描述 | 叫声类型（勾选） | | 鸟种判断 |
| | 鸣叫 | 鸣唱 | |
| | | | |
| | | | |
| | | | |
| | | | |
| | | | |

## 野外观鸟注意事项

**❶ 安全第一**

　　由于观鸟通常是在一些比较偏远、生态良好的野外进行的，因此首先要注意出行的安全，最好能与伙伴们结伴出行。

■ 结伴出行

## 第六章 邂逅飞羽精灵

❷ 尊重鸟类

观鸟崇尚的是观察到鸟类的自然行为，因此在观鸟过程中尽量不要打扰鸟类，保护它们的生存环境，更不要采集鸟蛋、捕捉野鸟等。

■ 不打扰鸟类

❸ 拍鸟守则

拍摄鸟类应采用自然光，不使用闪光灯，尤其是对雏鸟以及夜间拍摄，以免惊吓伤害它们，且不可以为了拍摄方便而任意除去鸟巢周围的遮蔽物。

## 黑石顶常见鸟类

### 林中仙子——白鹇(xián)

鸡形目雉科鹇属。

国家二级重点保护野生动物。雌雄异色，雄鸟上体白色而密布近似"V"字形黑纹，蓝黑色羽冠披于头后，脸裸露、赤红色，尾长、白色，两翅亦为白色，下体蓝黑色，脚红色，雌鸟通体橄榄褐色，羽冠近黑色。性机警，胆小怕人，很少起飞，紧急时会飞上树。

■ 雄白鹇

■ 雌白鹇

## 带佐罗面具的小鸟——棕背伯劳

雀形目伯劳科伯劳属。

有个成语叫"劳燕分飞",燕是家燕,而"劳"就是棕背伯劳。

它在野外辨识度非常高,显著特征是粗黑的贯眼纹,像一只戴着佐罗面具的小鸟,上体偏灰,下体偏棕,尾羽长又黑。体型虽不大,但性情凶猛,会捕食昆虫、蛙类、蜥蜴、老鼠、小鸟,甚至能袭击或捕杀比自己大的鸟。

■ 棕背伯劳

## 渔夫"小翠"——普通翠鸟

佛法僧目翠鸟科翠鸟属。

上体金属浅蓝绿色，耳覆羽棕色，耳后有一白斑。颏白色，胸、腹棕红色，脚红色。雌鸟上体羽色较雄鸟淡，头顶灰蓝色，二者最显著的区别为雄鸟嘴全部黑色，而雌鸟的下颚橘黄色。常栖于水面岩石或探出的枝头，伺机猎食小鱼。

■ 普通翠鸟

## 一行白鹭上青天

鹳形目鹭科白鹭属。

白鹭属共有13种鸟类，其中有大白鹭、中白鹭、白鹭和雪鹭4种，通称为"白鹭"。雌雄相似，通体白色，嘴及腿黑色，趾黄色，繁殖期颈背具细长饰羽，背及胸具蓑状羽。常栖息于海滨、水田、湖泊、红树林及其他湿地，以甲壳类、软体动物、水生昆虫以及小鱼等为食。

■ 白鹭

## 凶悍的青鸟——红嘴蓝鹊

雀形目鸦科蓝鹊属。

雌雄羽色相似，头、颈、喉和胸黑色，喙、脚红色，头顶至后颈有一块白色斑块，上体蓝灰色，下体白色。尾长，呈凸状，中央两枚尾羽紫蓝色，具白色端斑，其余尾羽均为紫蓝色，末端具有黑白相间的带状斑。主要以昆虫为食，也吃植物果实、小型鸟类及卵，会主动围攻猛禽、蛇类。

■ 红嘴蓝鹊

## 空中之王——凤头鹰

鹰形目鹰科鹰属。

国家二级重点保护野生动物，头灰色，具短冠羽，虹膜金黄色，喙角铅色，喙峰和喙尖黑色，其余上体褐色。翅型宽大，翼指6枚，不突显。喉部具明显黑色中央纹，胸腹部具棕褐色横斑，尾下覆羽白色而蓬松，腿脚粗壮，黄色，爪部锐利，爪角黑色。主要以蛙、蜥蜴、鼠类、昆虫等动物为食。

■ 凤头鹰

## 五色鸟——黑眉拟啄木鸟

啄木鸟目拟啄木鸟科拟啄木鸟属。

前额金黄色，眼先红色，眉黑色，头顶由黄色逐渐转成天蓝色，下颏与喉部上方金黄色，耳羽及颈部上方天蓝色，胸部上方有红斑，胸以下鲜黄绿色，颈侧与身体背面鲜绿色，尾羽苍绿色，除中央尾羽外，各羽的内瓣黑褐色，跗跖与趾铅灰色。主要以植物果实和种子为食，也吃少量昆虫。

■ 黑眉拟啄木鸟

**科普小知识：**

**冷知识：拟啄木鸟与啄木鸟的区别**

❶ 分类学

拟啄木鸟：啄木鸟目拟啄木鸟科拟啄木鸟属。

啄木鸟：啄木鸟目啄木鸟科啄木鸟属。

❷ 外形

拟啄木鸟羽色艳丽，啄木鸟略显朴素。

❸ 食性

拟啄木鸟主要以野果为食，为便于吞食野果嘴较为粗大，而啄木鸟则多以树虫为食，故嘴较为尖锐。

## 花间仙子——叉尾太阳鸟

雀形目花蜜鸟科太阳鸟属。

叉尾太阳鸟，体型娇小（体长约 9cm，体重仅 5～6g），羽色艳丽，尤其是雄鸟，在阳光下闪现红、黄、蓝、绿等耀眼的光泽，异常夺目，故名"太阳鸟"，因喜欢扇动双翅悬垂于花朵上空吸食花蜜，所以被称为"花间仙子"。

■ 叉尾太阳鸟吸食花蜜

## 中国最小的猫头鹰——领鸺鹠(xiū liú)

鸮形目鸱鸮科鸺鹠属。

领鸺鹠是中国最小的猫头鹰（体长 14～16cm，体重 40～64g），即便如此，有时它也会捕食体型与其相当的鸟类，主要以小型鸟类、蜥蜴、老鼠、蝉、蚱蜢等为食。当抓住猎物之后，它会一点一点地把猎物撕裂，甚至还把吃剩的猎物挂在枝头当"腊肉"，以备日后食用。

■ 领鸺鹠（脑后有一对黑色"假眼"）

## 会缝叶筑巢的小鸟——长尾缝叶莺

雀形目扇尾莺科缝叶莺属。

额及前顶冠棕色，眼先及头侧近白，后顶冠及颈部背偏灰，背、两翼及尾上覆羽橄榄绿色，尾长而上扬，下体污白色，上嘴黑色，下嘴偏粉色，脚粉灰色，主要以蜘蛛、蚂蚁等小型无脊椎动物为食，擅长营巢于芭蕉或其他大型叶子上。

■ 长尾缝叶莺

■ 长尾缝叶莺缝合树叶作为鸟巢